AF258105

T6 9
91.

CONFÉRENCES
DE L'ASSOCIATION PHILOMATHIQUE DE BAYONNE.

LA

MACHINE HUMAINE

PAR

M. LE DOCTEUR DELVAILLE,

Secrétaire de l'Association

PARIS
GERMER-BAILLÈRE, ÉDITEUR RUE DE L'ÉCOLE
DE MÉDECINE, 17.

1870

CONFÉRENCE

DE

L'ASSOCIATION PHILOMATHIQUE DE BAYONNE

LA MACHINE HUMAINE

PAR

M. LE DOCTEUR DELVAILLE,

Secrétaire de l'Association

(20 Avril 1870)

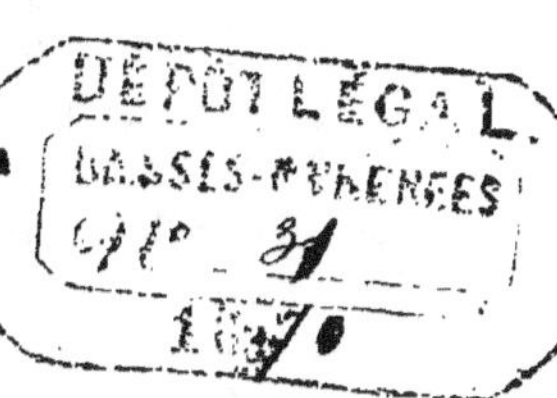

I.

Ce n'est pas la première fois que le titre de cette
conférence frappe vos oreilles ou vos yeux. Dans les
journaux, dans les revues, dans les livres, dans les
conférences, il est bien souvent question de la *Machine humaine*, des phénomènes dont elle est le théâ-
tre, du parti que tirent de sa construction les philo-
sophes et les savants, pour établir leurs doctrines,
des applications qu'on a faites à cette machine, des
découvertes sur la transformation de la chaleur en
mouvement et du mouvement en chaleur, transfor-
mations qui ont pour base les vibrations de l'éther
auxquelles M. Barthélemy faisait allusion devant vous
le mois dernier.

J'ai vu, mainte fois, des personnes, cependant intelligentes et instruites, arrêtées, faute de notions exactes, rejeter le journal, ou le livre, ne pas écouter la conférence, qui traitaient de ces sujets, les trouvant trop au-dessus de leur intelligence. Il m'a suffi alors de leur donner, sur ces questions, quelques aperçus, quelques démonstrations élémentaires, pour les voir tirer profit de ce qu'elles lisaient ou entendaient.

Ce que j'ai fait pour elles, je désire le faire pour une grande partie des personnes qui m'entourent. J'essaierai de vous donner les détails les plus indispensables sur la construction de notre machine, et la découverte précieuse de l'*unité des forces physiques*.

Nous sommes — je l'ai dit en une autre occasion — une Société d'assurances mutuelles contre l'ignorance ; chacun de nous doit payer sa prime annuelle, sous peine d'être déchu de ses droits. Je paie la mienne en vous faisant part du peu que je sais sur ces questions du plus haut intérêt.

Certes, vous vous apercevrez, chemin faisant, de l'insuffisance du sociétaire qui ose aborder ici ces cimes élevées. Plusieurs d'entre vous se diront que les notions, dans l'exposé desquelles je vais entrer, sont vulgaires et connues de tous ; d'autres, que l'explication en est incomplète et difficile à saisir. Je sais tout cela, et, néanmoins, je compte sur votre attention et votre bienveillance, qui, depuis que j'y fais appel, m'ont toujours soutenu, et dont j'ai besoin aujourd'hui plus que jamais. A vrai dire, ce que je souhaite le plus ardemment, c'est d'être clair et intelligible pour tous ; j'aimerais mieux être interrompu dans mon exposition, que de n'être pas compris ; car nous allons marcher très lentement et très prudemment, monter, échelon par échelon, des faits les plus élémentaires, aux théories les plus élevées. Si notre pied rencontre un échelon brisé, voilà l'ascension compromise ; assurons-nous donc que chacun est solide, si nous voulons atteindre le haut de l'échelle.

Ceci dit, j'entre immédiatement dans le cœur de mon sujet :

LA MACHINE HUMAINE.

II.

Avant de vous décrire les rouages de cette machine, ne faut-il pas que je vous donne une idée de la machine ordinaire, de ses organes, et des fonctions qu'ils remplissent.

Je prendrai la plus connue, la locomotive. De quoi se compose-t-elle essentiellement ? D'une chaudière dans laquelle on met de l'eau, d'une grille sur laquelle est le charbon de terre allumé, enfin d'un cylindre dans lequel se meut un piston.

La chaleur produite par le charbon réduit l'eau de la chaudière en vapeur qui s'échappe de la chaudière et va dans le cylindre, où se trouve le piston qu'elle fait mouvoir dans un certain sens. Puis une nouvelle quantité de vapeur pénètre dans le cylindre au point où le piston est arrivé et le fait mouvoir en sens contraire ; et c'est ainsi, qu'animé d'un mouvement de va et vient, le piston communique son impulsion aux roues et fait marcher la locomotive et le train tout entier. Tenons-nous-en aux termes extrêmes de cette série d'actes si rapidement exposés. Qu'observons-nous ? que la chaleur du charbon se transforme en mouvement. Mais encore faut-il expliquer cette transformation.

Supposez une balle élastique qui tombe sur un corps dur. En vertu de son élasticité, après avoir frappé le corps dur, elle remontera à la hauteur d'où elle est tombée. Tombée avec la force 10, de la hauteur 10, elle remontera, avec la force 10, à la hauteur 10. La force se sera transformée en force, le travail en travail, le mouvement en mouvement.

Si c'est une balle non élastique—une balle de plomb — elle ne rebondira pas. Elle restera contre le corps dur, mais celui-ci deviendra chaud. Au lieu du mouvement que la chute de la balle élastique a produit tout à l'heure, le mouvement de la balle non élastique aura produit de la *chaleur*. *Le mouvement ne se sera pas transformé en mouvement, il se sera transformé en chaleur*. Et la quantité de chaleur produite sera juste suffisante pour faire monter la bille de plomb à la hauteur d'où elle est tombée, sera juste capable de reproduire la quantité de force avec laquelle la balle est tombée. Le mouvement s'est donc transformé en une quantité de chaleur équivalente. Un mouvement 10 s'est transformé en chaleur 10.

Il faut, pour mesurer cette chaleur, des thermomètres extrêmement délicats, dans la construction desquels je n'ai pas à entrer ici ; mais voici un fait dont quelques-uns d'entre vous ont été peut-être les témoins. Un boulet de canon est lancé contre le blindage d'un navire, le mouvement dont ce boulet est animé ne se transforme pas en mouvement, parce que le boulet n'est pas élastique ; ce mouvement se transforme en chaleur, et en effet le boulet devient rouge.

Si le boulet avait rebondi, il n'aurait pas produit de chaleur; mais si ce boulet non élastique au lieu de se borner à choquer le blindage, perce le blindage ; il ne rougira pas, car ici le mouvement se transforme non en chaleur, mais en travail.

Voulez-vous, avant d'aller plus loin, quelques exemples de la transformation du mouvement en chaleur ? Les sauvages se procurent du feu en frottant deux bâtons secs l'un contre l'autre ; une scie s'échauffe pendant son travail, et si on laisse cet échauffement se continuer, bientôt tout le travail de la scie se tranformera en chaleur, et la scie alors s'arrêtera. Que fait-on pour empêcher cet échauffement ? On enduit la scie de suif.

Si l'on arrête une locomotive, en serrant le frein des roues, le mouvement cesse, mais il est remplacé par de la chaleur ; de la roue échauffée jaillissent des étincelles. Un écolier qui frotte un bouton de cuivre contre son banc, se brûle les doigts avec ce bouton, et acquiert ainsi la conviction que le mouvement communiqué au métal s'est transformé en chaleur.

Nous réchauffons nos mains en les frottant l'une contre l'autre, nos pieds en battant la semelle. C'est toujours ici la transformation du mouvement en chaleur qui est en jeu. Les aérolithes qui s'enflamment en traversant rapidement l'air et deviennent ainsi lumineux, nous donnent encore la preuve de la transformation du mouvement en chaleur.

Expliquons cette transformation :

En réalité, le mouvement de la balle qui tombe se transforme en un mouvement d'une autre espèce. Les phénomènes calorifiques ne sont, en effet, qu'un mode particulier de mouvement. Je n'en veux pour preuve que l'expérience même des balles. Que fait la balle élastique lorsqu'elle tombe, puis remonte? Elle revient d'abord sur elle-même, c'est-à-dire que les molécules qui la composent se rapprochent, se tassent; puis, lorsque la balle rebondit, que se passe-t-il? Les molécules, en s'éloignant, reprennent leur première place, la balle reprend sa première forme.

Il y a donc là un mouvement moléculaire. Y en a-t-il un lorsque la balle de plomb s'aplatit et s'échauffe, lorsque le boulet rougit? Oui. Les molécules du plomb, du fer se déplacent, et leur mouvement de déplacement se communique à un fluide insaisissable, interposé entre les molécules de tous les corps, à un fluide plus subtil que l'air lui-même, puisqu'il est interposé entre les molécules de l'air — et qu'on appelle l'ÉTHER.

Cet éther est ébranlé, agité, il vibre; ses vibrations frappent nos sens, nous causent la sensation de chaleur.

III.

L'éther vibre, ses vibrations frappent nos sens.

Voilà des termes qui demandent une explication. Jetez une pierre dans l'eau. La pierre y fera des ronds, enfermés l'un dans l'autre, d'autant plus grands qu'on s'éloignera davantage du point où la pierre est tombée. Ces ronds s'appellent des *ondes*. Elles ne vont pas toutes en s'éloignant, elles reviennent sur elles-mêmes, puis reprennent leur direction ; elles ont, en un mot, un mouvement de va-et-vient qu'on appelle *ondulation*. Touchez de votre main une onde, vous sentirez un choc d'autant plus fort que vous vous rapprocherez de la pierre, c'est-à-dire du point où l'onde est plus petite, l'ondulation plus courte.

Prenez une corde de violon ; elle vibrera, elle agitera l'air comme la pierre a agité l'eau. Il y aura dans l'air des ondes, des ondulations ou vibrations qui choqueront votre oreille, *ondulations sonores* qui vous donneront la sensation du son.

Pour la pierre, le milieu qui vibre c'est l'*eau*. Pour la corde de violon, c'est l'*air*. Eh bien ! pour la chaleur, c'est l'*éther*. Voici une source de chaleur, un charbon, un foyer ; c'est un choc donné à l'éther répandu tout autour. Cet éther vibre, il s'y forme des ondes, des ondulations, et ce sont les ondulations éthérées qui, en touchant notre corps, nous donnent la sensation de chaleur. Et, de même que le son est plus aigu, si les vibrations de la corde, et, par suite, celles de l'air sont plus rapides et plus courtes ; de même, la sensation de chaleur sera plus forte si les ondes éthérées sont plus courtes et se succèdent plus rapidement. Or, plus la source de chaleur est intense, plus les vibration qu'elle communique à l'éther sont petites et rapides.

Donc, en résumé, une source de chaleur, c'est un

corps qui vibre plus ou moins rapidement et communique ses vibrations à l'éther. Quand on frotte un morceau de bois contre un autre, quand un boulet de canon tombe sur le blindage d'un navire, le mouvement imprimé au bâton ou au boulet se transforme en un autre mouvement : *la vibration chaleur.*

C'est aussi par les vibrations de l'éther qu'est produite la sensation lumineuse, ainsi que vous l'a démontré M. Barthélemy. Et savez-vous combien il se fait de ces vibrations dans une seconde ? La chaleur sombre d'un poële agite si rapidement l'éther qu'elle produit 300,000,000,000 de vibrations par seconde.

La lumière violette donne à l'éther une agitation telle qu'il y a 728,000,000,000 de vibrations par seconde.

Comparez cette rapidité merveilleuse à celle du son ? Le diapason normal qui donne la note *la* imprime à l'air une agitation suffisante pour que l'air vibre 435 fois en une seconde.

Voilà donc le mouvement transformé en chaleur.

Quant à la chaleur transformée en mouvement, la locomotive dont je vous parlais tout à l'heure nous en fournit un exemple bien probant. On a même mesuré cette transformation de la chaleur en mouvement. On a noté la température de la vapeur d'eau avant sa pénétration dans le cylindre où est le piston. On l'a mesurée à sa sortie, au moment où le piston venait de produire son effet. La différence a donné la quantité de chaleur qui s'était transformée en mouvement du piston et, par suite, de la locomotive.

Eh bien, cette transformation de la chaleur en mouvement, nous allons la retrouver dans la *Machine humaine.*

IV

Nous courons, nous portons des fardeaux, nous labourons la terre, nous travaillons la pierre, le bois ou le métal, nous écrivons, nous pensons : Voilà le travail exécuté par notre machine, grâce à la chaleur que lui fournit le charbon que nous y introduisons. Où est ce charbon ? Dans nos aliments. Toutes les substances dont nous nous nourrissons, à part le sel, en renferment une grande quantité. Analysez avec soin le pain, le vin, la viande, les légumes. Qu'y trouvez-vous en grande partie ? Du charbon, lequel, en brûlant dans notre corps, produit de la chaleur.

Notre corps est donc une machine ? Certainement, et je vais vous le prouver. Voici comment les choses se passent.

Nos aliments sont introduits dans l'estomac, un peu modifiés déjà par la salive ; ils subissent une modification nouvelle, d'abord dans l'estomac, puis un peu plus loin, jusqu'à ce qu'ils arrivent à notre cœur droit. Ce cœur les renvoie aux poumons. Là, le liquide alimentaire, qui est à l'état de sang impur de sang incomplet, se trouve en contact avec l'air ; il en dissout le principe vivifiant, l'oxygène ; retourne au cœur gauche, d'où il est lancé dans nos artères ; chemin faisant, le charbon du sang se combine avec l'oxygène de l'air, brûle, — pour exprimer, par un mot bien connu, cette transformation chimique — et, en brûlant, produit de la chaleur.

Une partie de cette chaleur sert à entretenir, dans notre corps, une température constante. — Une autre partie se transforme en travail de nos muscles ou de notre cerveau.

Et remarquez que ce double emploi de la chaleur vous le trouvez aussi dans la locomotive : Une partie sert à chauffer les organes de cette locomotive ; ils sont brûlants; l'autre se transforme en travail des roues.

Ne nous occupons maintenant que de la chaleur qui maintient à un niveau normal, à 37° la température de notre corps.

Quelle que soit la température de l'air extérieur, qu'elle soit de 75° au dessous de zéro, comme la trouvera M. Lambert s'il réussit jamais à aller au pôle nord, qu'elle soit de 40°, comme dans les régions équatoriales, ou de 132°, comme dans certaines étuves où l'homme a pénétré et a pu vivre quelques moments, la température de notre corps se maintient presque constamment à 37°. (Tout au plus arrive t-on, dans les étuves, à un excédant de 3 à 4°)

Mais, me direz-vous, si c'est le charbon de nos aliments qui nous fournit les moyens de résister à la température des pays polaires, lorsque nous irons dans ces parages, nous devrons consommer plus de charbon, plus d'aliments que dans les contrées tempérées. C'est ce qui arrive, en effet. Les Esquimaux, qui habitent le nord de l'Europe, mangent, chaque jour, 6 à 8 kilogr. de chair crue, dont un bon tiers est de la graisse, et ils absorbent de gros morceaux d'huile de baleine gelée, c'est-à-dire, une substance qui renferme une grande proportion de charbon.

En été, au contraire, et dans les pays rapprochés de l'équateur, pour résister à la chaleur extérieure, que fait-on? D'abord l'on mange moins, on cherche ainsi à produire le moins de chaleur possible : il y en a assez au dehors pour nous tenir chauds.

On boit davantage ; l'eau fraîche absorbée abaisse notre température. Enfin, autre cause de lutte contre la chaleur extérieure, autre cause de refroidissement : l'homme transpire, et plus il fait chaud, plus il transpire.

Voulez-vous comprendre comment la transpiration refroidit? Versez sur votre main de l'éther ou de l'eau-de-vie ; le liquide s'évapore en quelques secondes, ce liquide se transforme en gaz ; or, pour que cette transformation ait lieu, il faut que le liquide emprunte à ce qui l'entoure une grande quantité de chaleur, et à quoi peut-il l'emprunter, sinon à notre main? L'eau-de-vie et l'éther refroidissent donc notre main. De même la sueur, qui est un liquide, en s'évaporant à l'air, refroidit les parties du corps dont elle se dégage, et quand on a le visage en transpiration, si on s'évente, si on active l'évaporation, on éprouve une sensation de fraîcheur qui ne manque pas de charmes.

Ici se place une petite digression hygiénique.

Pourquoi l'acclimatement de l'homme des pays chauds, dans les pays froids, est-il plus facile que celui de l'homme des contrées froides, ou même tempérées, dans les pays chauds ? C'est que l'habitant des pays chauds, lorsqu'il va dans les pays froids, n'a besoin pour résister à la température que de consommer un peu plus de charbon, c'est-à-dire de faire meilleure chère, et c'est une tâche très facile à remplir pour bien des gens. Au contraire l'habitant des pays froids, qui va dans les pays chauds, est forcé de consommer moins de charbon, il doit réduire sa nourriture, et c'est là, vous le comprenez, une bien dure nécessité.

Revenons un peu sur nos pas. Puisque il faut chauffer la machine humaine pour l'empêcher de se refroidir, les personnes qui se nourriront médiocrement, celles qui ne se nourriront pas du tout se refroidiront, leur température baissera et lorsqu'elle sera descendue à 24°, ils ne pourront plus résister et ils mourront, même dans un milieu fort chaud. A plus forte raison expireront-ils très vite si la température de l'air est très-basse : Ainsi nos soldats dans la désastreuse campagne de Russie dénués de pain, de vêtements, d'abri, ne purent pas résister au froid qui n'était pourtant pas excessif, car l'homme bien nourri en supporte de plus considérables, et ils moururent. Pauvre machine humaine ! Elle s'élance à toute vapeur à la conquête du monde, et elle périt épuisée, isolée, en un coin obscur....., faute de combustible !

V

Après nous être occupé de la seule partie de la chaleur fournie par nos aliments qui soit sensible, et entretienne notre température normale, parlons-de la chaleur insensible, de celle qui se transforme en mouvement, en travail. C'est aux dépens de celle-là que s'effectue, je le répète, le travail accompli par nos muscles, par notre cerveau, par tous nos organes. Il y a là, comme je le disais tout à l'heure pour la locomotive, une véritable transformation. Notre cerveau est-il en travail, notre corps et surtout nos pieds se refroidissent, car le travail de notre cerveau se fait aux dépens de leur chaleur.

Le travail digestif emprunte aussi à notre corps une grande quantité de chaleur, et en effet quelques minutes après être sortis de table, nous éprouvons de légers frissons, un refroidissement modéré.

Quand nous courons, quand nous montons rapidement un escalier, nous avons d'abord une sensation de froid, parce qu'une partie de cette chaleur se transforme en mouvement. Arrêtons-nous, toute la chaleur produite, — et il s'en produit beaucoup parce que, dans cette course, la circulation du sang est activée, — toute cette chaleur, dis-je, n'étant plus transformée en mouvement, se trahit au dehors ; elle nous inonde, nous étouffons ; et, pour ne pas étouffer, nous transpirons.

Mais nous pouvons aller plus loin encore, nous pouvons mesurer cette transformation de la chaleur en mouvement, en travail de nos muscles. La chose a été faite par un savant physiologiste, le docteur Béclard.

Il a pris un bras au repos. Il en a mesuré la température et a vu que c'était la température normale du corps, 37° dégré environ ; toute la chaleur produite par nos aliments étant sensible au thermomètre. Puis il a fait produire un travail à ce bras, il lui a fait soutenir, étant tendu, un certain poids. Pour que ce travail s'accomplisse, il faut emprunter au corps une certaine partie de sa chaleur. La théorie indique que la température du bras doit s'être abaissée. M. Bélard a, en effet, remarqué que la température du bras était diminuée. Cette diminution est encore plus grande, si le travail effectué par le bras est plus considérable, si, par exemple, le bras soulève le poids à une hauteur de 2, 3, 10 mètres.

Et maintenant si le bras se borne à soutenir et à suivre dans sa chute le même poids qui tombe de 2, 3 et 10 mètres, ce travail qui se détruit, ou plutôt qui paraît détruit mais ne l'est pas, se *transforme en chaleur* ; la température du bras monte de quelques degrés.

Si l'on force le travail d'un homme, et si on ne lui fournit pas par une abondante nourriture, les moyens de produire la chaleur nécessaire à la production de ce travail, l'homme se consommera, se consumera lui-même ; il brûlera sa propre substance, toute la graisse de son corps, — il maigrira.

Comment fait-on maigrir les jockeys que l'on veut rendre légers et agiles. En les *entraînant*.

Comment rend-on également les chevaux plus légers et plus agiles. En les *entrainant*.

Je vais vous dire un mot du procédé par lequel on *entraîne* un jockey :

On le couvre de deux ou trois paires de pantalons et de cinq ou six gilets de flanelle douce, et par-dessus cela on lui met un habillement complet de vêtements ordinaires et aisés. Ainsi vêtu, il se met en marche de bonne heure, d'abord lentement, puis vite ; après 15 ou 20 kilomètres il se repose quelques minutes dans une chambre et prend une boisson chaude, et revient chez lui d'un bon pas, en agitant souvent les bras.

Rentré chez lui tout suant, il prend encore quelque chose de chaud, s'enveloppe d'une couverture et reste une heure dans une chambre chauffée.

Quand la transpiration a cessé, il prend un bain de pieds chaud, éponge tout son corps, s'habille comme à l'ordinaire et sort. Il se couche tôt, pour recommencer le lendemain son exercice. Sa nourriture est très simple, le matin une rôtie et du thé ; à midi, un peu de viande. Pas de liqueurs fortes, sauf un un peu de vin avec beaucoup d'eau.

Par un pareil régime, que les jockeys suivent en temps de course, ils peuvent maigrir de 500 grammes par jour. Manquer un seul jour à la diète, ou à l'exercice, boire un petit verre de liqueur, c'est s'exposer à grossir bien vite de plusieurs livres. David Lowe, à qui j'emprunte ces détails, dit que les jockeys ont besoin d'un grand empire sur eux-mêmes, pour continuer, pendant sept mois d'un exercice laborieux, un système d'abstinence auprès duquel le jeûne du Ramadan et le jeûne du Carême ne sont qu'un jeu. Il ne faut pas s'étonner, ajoute-t-il, si après ce long carême, les jockeys fêtent un peu trop la bonne chère.

En définitive vous voyez qu'en produisant ce grand travail de course, d'exercice, le jockey a consommé beaucoup de chaleur ; il en a peu pris aux aliments puisqu'il s'est peu nourri. Il s'est donc brûlé lui-même.

Prenons une situation contraire. Au lieu de jockeys dépensant beaucoup de force musculaire et consommant peu d'aliments, prenons des gens, dépensant peu de force musculaire et consommant beaucoup d'aliments. Maigriront-ils ceux-là ? Non, ils engraisseront, et de plus ils s'exposeront à la goutte. Par suite du défaut d'exercice, la masse énorme d'aliments absorbés sera incomplétement brûlée; il restera un résidu qui, sous forme de concrétions dures se logera dans les articulations de nos gourmands et leur donnera d'atroces douleurs.

Il faut convenablement régler la dépense et le travail de notre machine.

Ni trop de charbon, ni trop peu, — ni trop de travail ni trop peu.

VI.

Mais je vous ai promis la description des principaux rouages de notre machine, et je n'ai tenu qu'une partie de ma promesse.

Est-ce que nous ne faisons pas autre chose que manger, courir, respirer ?

Si, nous pensons, nous sentons, nous voulons.

Et quel est le système d'organes qui nous permet de penser, de sentir, de vouloir ? C'est le système nerveux.

Je le décrirai très brièvement, par le motif qu'un professeur de la Faculté des sciences de Bordeaux, M. Perez, vous a donné sur ce sujet intéressant une très complète conférence. Je me bornerai donc aux notions les plus indispensables.

Le système nerveux se compose de trois parties principales :

1° Le cerveau qui occupe presqu'en entier l'intérieur de notre crâne ;

2° La moëlle épinière enfermée dans la colonne vertébrale ; 3° les nerfs, qui partent de la moëlle et du cerveau pour aller se répandre dans tout le corps.

Il y a des nerfs de deux sortes : les nerfs qui transmettent l'impression ; ce sont les nerfs *sensitifs* ; ceux qui transmettent le mouvement, ce sont les nerfs *moteurs*.

Voulez-vous voir en jeu ces deux espèces de nerfs ? Piquez à la main un homme endormi, il retire sa main, et à son réveil il n'a pas conscience de ce mouvement, parce que l'impression n'aura pas été perçue par le cerveau. Voici ce qui se passe : l'impression de la piqûre se transporte, par un nerf sensitif, à la moëlle ; de la moëlle, par un nerf moteur, part l'excitation en vertu de laquelle la main s'est retirée. Ce mouvement, succédant ainsi à une impression involontaire non perçue par le cerveau, s'appelle : *Mouvement reflexe*. M. Perez vous en a cité quelques exemples. En voici d'autres :

Le clignotement des yeux lorsqu'on en approche quelque chose ; l'éternuement lorsqu'on chatouille le nez ; la toux violente lorsqu'on avale de travers ; la secrétion de la salive à la vue ou à l'idée d'un bon mets bien appétissant, d'où cette locution siconnue : « L'eau m'en vient à la bouche. »

Ainsi s'explique aussi l'éternuement dans certaines maladies de l'oreille. Mosler a raconté l'histoire d'une femme qui, atteinte d'une maladie du conduit auditif éternua, en 42 heures, 52,000 fois, soit 12 fois par minute ; sitôt quelle fut guérie de l'oreille, ces éternuements cessèrent.

Autre exemple d'action reflexe :

Pendant que vous tenez un thermomètre dans la main gauche, trempez dans un bain d'eau glacée la main droite. Vous verrez bientôt que le thermomètre baisse, ce qui prouve que votre main gauche s'est refroidie. Une fluxion de poitrine, survenant à la suite d'un refroidissement des pieds, s'explique aussi par l'action reflexe.

Vous avez journellement sous les yeux des machines qui vous représentent ce qui se passe ici dans notre corps : les télégraphes électriques.

Mais quelle différence il y a entre la vitesse de l'action nerveuse et celle du fluide électrique ! L'action nerveuse parcourt 300 mètres par seconde ; l'électricité 115,000 lieues par seconde.

VII.

Mais pour que le système nerveux remplisse ses fonctions diverses, il faut qu'il reçoive du sang ·a chaleur qui sera transformée en travail. Je vais, en effet, vous montrer que si le sang n'arrive pas à une partie du corps, cette partie reste immobile, comme morte, et que si le sang y circule de nouveau, cette partie devient capable de mouvements ; elle renaît à la vie.

Le sang arrive à notre cerveau par des tubes ou vaisseaux artériels, qu'on appelle les *arteres carotides* et qui battent sous notre cou ; supposez un arrêt subit du cœur. Le sang ne va plus au cerveau par les carotides ; et alors le cerveau ne fonctionne plus ; nous perdons connaissance, nous tombons en syncope.

Il y a des gens qui sont poussés par je ne sais quelle folie à se couper la gorge avec un rasoir. Ils tranchent leurs artères arotides : le sang n'arrive plus à leur cerveau, la mort chez eux est presque instantanée.

Chez des chiens, on a lié les artères du cou. Les chiens sont morts, ou du moins sont tombés dans de violentes convulsions et en tout cas ont perdu immédiatement toute sensation. Ils ont pu quelques minutes conserver une tête morte en apparence sur un corps vivant.

Lorsqu'on dénouait la ligature, le sang circulait de nouveau dans la tête, et la tête revenait à la vie. Il en est de même dans la syncope ; au bout de quelques temps, le cœur qui a cessé de battre reprend ses battements, le sang circule de nouveau dans le cerveau, la vie reparaît.

Le docteur Pierquin a observé une femme chez

laquelle la maladie avait détruit une grande partie des os du crâne et dépouillé le cerveau de ses membranes. Lorsque la femme était éveillée, le cerveau était rouge, il s'agitait, se gonflait parce que le sang circulait avec force.

Lorsque la femme dormait, son cerveau était affaissé, prenait une teinte rosée, et, si on tatait le pouls de la malade, on voyait que les battements en étaient moins rapides. Tout d'un coup la malade prononçait quelques mots, c'est à dire que le cerveau reprenait ses fonctions actives ; alors il se soulevait, reprenait sa teinte rouge de l'état de veille.

Puisque l'arrivée du sang au cerveau est la condition nécessaire de la vie du cerveau, étonnez-vous donc que la décapitation entraîne subitement la mort On a bien essayé de soutenir la doctrine contraire, et M. le docteur Pinel, quelques jours avant la mort de Troppmann, prétendait qu'après la décapitation la tête du supplicié continuait à vivre quelques temps encore ; il parlait de deux ou trois heures et voici les raisons qu'il donnait :

1° Dans la décapitation, on coupe les artères carotides, et si le sang s'en écoulait, la mort serait instantanée ; mais l'air extérieur, dit M. Pinel, exerce une pression sur l'orifice de l'artère, comme il l'exerce sur l'ouverture d'un baromètre, et s'oppose ainsi à l'écoulement du sang.

2° Il reste un peu de sang dans les artères du cerveau ; ce sang continue à circuler en vertu de l'impulsion reçue ; il chemine lentement dans le cerveau, et lui fournit, dans son parcours, la chaleur nécessaire à sa vie.

Et M. Pinel conclut à la suppression de la guillotine, comme n'atteignant pas le but qu'on en attend. A Dieu ne plaise, que je veuille défendre ici la peine de mort. Je suis pour l'abolition de ce supplice contre lequel s'est élevé, dans cette salle même, la voix d'un jeune et distingué professeur de Mont de-Marsan, M. Liard. Je partage l'opinion de M. Jules Simon et de ceux de ses collègues qui ont demandé, sans y réussir, au Corps législatif, de supprimer l échafaud. Mais de cette suppression il ne peut être question en ce moment. Il s'agit simplement de savoir si le cerveau d'un guillotiné vit ou ne vit pas.

VIII.

On peut réfuter les arguments du docteur Pinel par les expériences de MM. les docteurs Évrard et Beaumetz, de Beauvais, qui ont examiné la tête du parricide Bellière, cinq minutes après la décapitation.

Nous désobstruons la conque de l'oreille, disent-ils, et, nous approchant aussi près que possible du conduit auditif, nous appelons par trois fois à voix forte le nom du supplicié. Aucun mouvement, absolument aucun, ne se produit dans les yeux ni dans les muscles de la face. Un tampon de charpie imbibé d'un excès d'ammoniaque est placé sous les narines, aucune contraction des ailes du nez ni de la face. On touche les lèvres avec ce tampon, même impassibilité. Nous pinçons fortement à plusieurs reprises la peau des joues sans déterminer la moindre contraction des muscles de la face. — La conjonctive de chaque œil est fortement et à plusieurs reprises cautérisée avec un crayon de nitrate d'argent ; on présente à deux centimètres de a cornée la lumière d'une bougie, aucune contraction ne se produit ni dans les paupières, ni dans le globe oculaire, ni dans les pupilles. — Les organes des sens n'ont donc pas répondu à l'appel que nous avons fait, soit à leurs fonctions, soit à leur sensibilité physique... Nous avons alors demandé à l'électricité une excitation plus puissante du système nerveux. La pile de Legendre, avec un courant de médiocre intensité, a déterminé de vives contractions dans ceux des muscles de la face sur lesquels nous venions à poser le pinceau électrique. Est-ce à dire que le cerveau percevait alors le sentiment de la douleur dont la physionomie exprimait l'émouvante image ? Nous ne saurions le croire pour deux motifs : le premier, c'est que, nos épreuves portant sur le côté gauche de la face, les muscles du côté droit restèrent dans leur stupeur première, au moment des plus expressives contractions du côté électrisé ; le second c'est que les parties électrisées retombaient dans leur impassibilité cadavérique dès que le courant cessait de leur donner une excitation passagère...

J'ajoute que les artères carotides étaient remplies d'air, que le sang n'y était pas retenu par la pression atmosphérique, comme le croit M Pinel.

M. Pinel a tort également de dire que le sang qui continue à circuler dans le cerveau y entretient la vie. Cette circulation est promptement éteinte après la décollation. Et en effet, le sang fait le tour du corps en un laps de temps qui, se'on les expérimentateurs, varie entre 1 minute 20 secondes, et 6 minutes 24 secondes Eh bien, si une goutte de sang met 6 minutes pour parcourir tout l'espace compris entre le cœur et les extrémités des pieds, on voit qu'il faudra à peine une demi-minute pour que le cerveau se vide.

Un écrivain scientifique de beaucoup de talent et de courage, à qui son courage même, sa trop vive franchise ont valu une destitution, M. Georges Pouchet, rendant compte de ces expériences de MM. Evrard et Beaumetz, dit en terminant :

MM. Evrard et Beaumetz qui semblent. ainsi que nous l'avons dit, s'être plutôt préoccupés de rectifier les idées erronées qui ont cours, que d'entreprendre des recherches vraiment originales, ont soin, dans leur mémoire adressé à la Société de médecine légale, de montrer au nom de la science le néant de toutes ces légen les d'un temps où le bourreau était encore un paria au milieu de la société dont il se vengeait à sa manière en la terrifiant par d'effroyables récits La tête du condamné. dans ce panier qui est déjà pour elle la tombe. garde l'inaltérable placidité de la mort : elle n'a pas encore touché le fond, qu'il n'y a plus pour elle ni amour ni haine ; ses mâchoires ne mordent plus. ses lèvres n'embrassent plus. Et s'il est vrai qu'un soufflet ait jamais été donné par la main de l'exécuteur sur une de ces joues blêmes, la joue n'a pas rougi. Toutes ces légendes où il est question d'une prétendue survie des têtes tranchées sur l'échafaud, n'attestent que la survie des haines qui les ont fait tomber.

Il est regrettable que les médecins d'Amiens n'aient pas poussé plus loin leurs expérimentations, n'aient pas injecté dans le cerveau de leur supplicié un sang frais et nouveau, pour voir si, par un tel procédé, ils lui rendaient la vie ou du moins les apparences de la vie.

Ne vous étonnez pas, Messieurs, de mes paroles, je vais les expliquer.

Vous avez vu tout à l'heure que le sang revenant au cerveau lorsque l'arrêt du cœur a cessé dans la syncope, l'individu reprend ses sens.

Je vous ai dit aussi que si on délie une ligature faite sur les artères carotides d'un chien, on rend le mouvement, la vie à la tête de cet animal.

Rappelez-vous cette expérience de M. Brown Sequard, que M. Perez vous a décrite : M. Brown Sequard décapita un chien familier de son laboratoire, il attendit quelques minutes, et injecta dans la tête du chien du sang défibriné et oxygéné ; il appela alors le chien par son nom, et, ce sont ses propres expressions : « Les yeux de cette tête séparée du tronc se tournèrent vers moi comme si la voix du maître avait été reconnue et entendue. »

Voilà une expérience que s'empresseront de tenter les médecins de la ville où se fera la prochaine exécution capitale.

Si une telle expérience amène les mêmes résultats que celle du chien de M. Brown Sequard, prouvera-t-elle que la tête d'un décapité survit à la décollation ? Bien au contraire, vous en conclurez que, dans les conditions ordinaires, une tête meurt lorsqu'on la sépare du tronc ; mais que si on y ramène le sang, on peut pour quelques instants la faire revivre.

Cela me rappelle une farce de ce farceur qu'on appelle M. Gagne, qui s'intitule auteur de l'*Unitéide*, un poème absurde et ébouriffant, et qui a fait, le 26 octobre, cette fameuse manifestation de l'obélisque dont on a tant parlé. M. Gagne, quelques jours avant la mort de Troppmann, proposait de se rendre sur la place de la Roquette en même temps que l'assassin de Pantin, et de se faire décapiter avec lui. Ensuite, on aurait placé sa tête sur les épaules de Troppmann et la tête de ce dernier sur son propre corps à lui, Gagne. La proposition étrange de M. Gagne était en vers et se terminait à peu près ainsi : Par cette double opération, on donnera à la douce tête de

Gagne les sentiments énergiques du cœur de Troppmann et à la tête du féroce Troppmann les nobles
sentiments « du cœur de l'aimant Gagne. »

IX

Je ne voudrais pas, Messieurs, même après cette
plaisanterie, vous laisser sous l'impression des expériences faites sur les animaux et sur l'homme, et
que vous pourriez être tentés de regarder comme
cruelles. Elles ne le sont pas toujours — vous allez
en juger par l'histoire suivante extraite du *Montpel-
lier médical*, paru au commencement de mars ; c'est
une observation de M. le docteur Brouzet, de Nîmes.
En voici les principaux passages :

Un jeune homme de dix-neuf ans, fort et vigoureux
rôtisseur de marrons, Suisse d'origine, appartenant à une
famille bien connue à Nîmes par le commerce de châtai-
gnes auquel elle se livre, s'endort le 28 décembre dernier,
par une température de — 6°, dans sa baraque ambulante,
boulevard de la Comédie, à côté d'un fourneau allumé
avec du charbon de bois.

Le lendemain à six heures du matin, on frappe vaine-
ment à la porte de sa loge. Le jeune Joly était étendu sans
connaissance, présentant tous les signes de mort que nous
venons d'énumérer : un miroir approché de la bouche et
les stimulants les plus énergiques employés en pareil cas,
ne donnent aucun résultat ; les battements du cœur *sont
suspendus ainsi que la respiration* ; la rigidité des membres est porté au plus haut degré ; *un fer rougi au feu*
est placé sur la plante des pieds, sur l'épigastre et sur les
poignets : aucun signe de sensibilité ne se manifeste.

On télégraphie en Suisse pour annoncer la mort de ce
jeune homme, et je demande la permission, qui m'est
accordée, de faire quelques expériences pour étudier sur
lui l'action des courants électriques. Pendant deux heures
les pôles de la pile voltaïque sont promenés sur divers
points du corps, et spécialement sur les brûlures. l'examen
des muscles superficiels ne donne aucun résultat sensible.

Les expériences allaient être suspendues, lorsqu'il deviant manifeste que la chaleur se rétablit sur les joues, à la suite de fortes commotions dirigées à travers le cerveau, en plaçant un pôle de la pile sur l'oreille droite. En même temps, quelques contractions musculaires se manifestent dans les muscles des membres supérieurs.

Alors, de concert avec le Dr Aubanel et **M.** Jeunet opti-cien, qui faisaient fonctionner l'appareil voltaïque, nous obtenons après de grands efforts, à l'aide d'un levier en fer, l'écartement des mâchoires fortement resserrées, et nous plaçons le tuyau d'un soufflet dans la bouche.

Après *huit heures d'électrisation*, ce jeune homme est revenu à la vie.

Messieurs, quand la science possède à son actif une expérience comme celle - là, cette expérience efface tout ce qu'il y a de cruel dans toutes celles que tentent les savants.

X.

Je viens de vous décrire la locomotive et je pour-rais vous dire : « La locomotive dont je viens de vous entretenir est de **M.** Schneider, président du Corps législatif et constructeur de machines au Creuzot qui était encore en grève il y a quelques jours.

Après avoir décrit la machine humaine, faut-il vous dire le nom du constructeur et y ajouter celui du mécanicien ?

Et d'abord y a-t-il un constructeur, y a-t il un mécanicien ?

Ceux qui répondent affirmativement à cette ques-tion, sont les SPIRITUALISTES ; ceux qui répondent négativement, sont les MATÉRIALILTES

Disons un mot de leurs doctrines :

Je ne veux certes pas me lancer dans les discus-sions religieuses. **M.** le pasteur Frossard vous rap pelait, l'autre jour, à propos de l'origine de l'homme, que le terrain de la science est distinct de celui de la foi ou, comme il le disait, de celui de la révélation.

M. le pasteur Frossard avait raison. Mais, dans la vie ordinaire, est-il donc si facile de ne pas confondre ces deux choses : la science et la foi ? L'une n'empiète-t-elle pas *toujours* un peu sur le domaine de l'autre ?

Prenez un homme imbu de certaines croyances religieuses ; il ne pourra aborder nombre de questions scientifiques, que l'esprit prévenu, c'est-à-dire en dehors de toute liberté d'action. Malgré lui, il n'est pas indépendant, il n'est pas impartial ; il vise à l'accord de la science et de la foi.

Notez que je me garde bien de le blâmer ; je constate sa situation, et ne vais pas au-delà.

D'autre part, prenez un homme non prévenu, qui n'a jamais été initié à une religion quelconque ; livrez-le à l'étude de la nature.

Si, obstiné à la découverte de la vérité, creusant son sillon dans les champs de la science, sans s'inquiéter de ce qui se passe dans les régions de la foi, il en arrive au matérialisme scientifique, dès ce moment, *il est, qu'il le veuille ou non, l'adversaire du spiritualisme religieux.*

Et, si je me suis permis de faire allusion aux paroles si sages de M. le pasteur Frossard, c'est que tout le monde n'imite pas sa sagesse Il y a, parmi les spiritualistes extrêmes, des penseurs qui vont jusqu'à attaquer la conscience des matérialistes. Parmi les matérialistes extrêmes, il est des savants qui prennent en pitié ceux qui ne partagent pas leurs idées ; il les englobent dans une réprobation qui, selon moi, ne doit s'attacher qu'au fanatisme et à l'intolérance.

Toute théorie scientifique, toute doctrine religieuse, exprimée en termes dignes, avec conviction, a droit au respect de tous. On peut combattre la théorie, la doctrine ; mais il ne faut pas toucher à la conscience de l'homme qui la défend.

Au reste, dans les doctrines sur lesquelles je vais appeler un instant votre attention, aucune certitude ne règne ; les unes et les autres se bornent à des hypothèses. Prouver scientifiquement, logiquement, la vérité du spiritualisme ou du matérialisme me paraît, pour l'heure, une tâche impossible.

Quoi qu'il en soit, exposons les théories matérielles et spiritualistes, et, dans les deux camps, ne nous attachons qu'aux extrêmes, car, si je voulais vous dire les idées de chaque secte intermédiaire, ce n'est pas une conférence que je vous demanderais, mais une nombreuse et fatiguante série de conférences, au bout desquelles chacun de vous conserverait intacte son opinion actuelle, à moins qu'il ne vous arrivât ce qu'il advint à deux frères dont parle M. Laboulaye.

C'était à l'époque de la première révolution d'Angleterre. L'un d'eux s'était fait protestant ; l'autre était resté catholique. S'étant donné rendez-vous en Hollande, ils parlèrent trois jours pour se convaincre mutuellement. Au bout de trois jours, le protestant était devenu catholique et le catholique protestant !

XI.

Que pense le matérialisme pur — l'extrême gauche — sur la construction de la machine, sur le fait de la création. Voici sa doctrine :

La matière est éternelle. — Elle a été, est et sera toujours.

A un certain moment, se sont formés d'elle les mondes actuels, le soleil, la terre, les astres.

Notre planète elle-même, qui d'abord était une masse incandescente, s'est peu à peu refroidie.

Puis, à un certain moment, la vie d'une cellule, de l'être le plus simple qu'on puisse imaginer, a été possible. Il y avait assez d'air, de lumière, d'humidité, de chaleur, pour que cette cellule fut créée par les seules forces de la matière.

Les circonstances ayant changé, il s'est formé un

o'1 plusieurs êtres Y plus compliqués que la cellule Z. — Les circonstances ayant changé encore, il s'est formé des êtres X, plus compliqués que les êtres Y, et ainsi de suite.

En d'autres termes, peu à peu, au fur et à mesure que le globe se transformait, apparaissaient des végétaux de plus en plus compliqués, des animaux de plus en plus compliqués ; d'abord des polypes, puis des coquillages, puis des vers, — puis des insectes, des poissons, des reptiles, des mammifères, des singes, des hommes.

Voici quelques-uns des arguments du matérialisme ; les citer tous nous entraînerait trop loin.

1° Les moisissures, qui sont des végétaux très simples, naissent spontanément, sans qu'on puisse dire qu'ils proviennent de graines : de même, certains animaux microscopiques prennent naissance sans qu'on puisse dire qu'ils proviennent d'œufs. Donc si des êtres se créent actuellement de toutes pièces, pourquoi n'admettrait-on pas qu'ils aient pu prendre naissance de la même façon à l'origine des choses ?

2° En fouillant le sol, on y a découvert des êtres qui sont de plus en plus simples au fur et à mesure que l'on s'enfonce davantage. Ce sont les types par lesquels a passé la vie, pour arriver de la cellule à l'homme ;

3° Dans les premières périodes de leur existence, la plante la plus compliquée comme la plus simple, l'animal le plus compliqué, comme le plus simple, l'homme lui-même que sont-ils ? *Des cellules.*

L'homme, avant d'arriver à son état parfait, est d'abord une cellule, puis, graduellement il se transforme ; à un certain moment, son système nerveux, par exemple, ressemble à celui d'un animal très inférieur, plus tard à celui d'un poisson, plus tard à celui d'un reptile, d'un oiseau, d'un singe.

Il y a même un moment de notre existence où nous avons, j'ai honte de le dire, où nous avons, comme le singe..., eh bien, je ne le dirai pas.

D'un autre côté, voici certains problèmes que la doctrine matérialiste ne résout pas :

1° La création spontanée. Quoiqu'en ait dit les savants les plus recommandables, il n'est pas encore *expérimentalement prouvé* qu'un animal ou un végétal, si petits qu'ils soient, naissent spontanément ;

Mais il est fort possible qu'on arrive à cette démonstration ;

2° Si l'homme, par transformation, vient d'une cellule, il faut admettre que la plante est l'un des termes intermédiaires par lequel a passé la cellule pour en arriver à l'homme.

Jusqu'ici les matérialistes ne l'admettent pas ; Il faut donc dire qu'à l'origine des choses, une cellule a donné naissance à une plante première, qu'une autre cellule a donné naissance à un animal premier d'où sont sortis tous les autres animaux, toutes les autres plantes, si bien qu'à l'origine il a été créé une cellule type et origine de toutes les plantes, et une cellule type et origine de tous les animaux. Autant admettre, disent les antagonistes des matérialistes purs, qu'à l'origine, différentes espèces ont été simultanément créées.

XII.

Passons maintenant à l'extrême droite. Les spiritualistes les plus purs prétendent que, par l'intervention d'une cause supérieure aux forces de la nature, le monde a été tiré du néant, qu'ensuite ont été créés l'air, l'eau, puis les plantes, le jour suivant les animaux, le jour suivant l'homme Un déluge est survenu plus tard qui a détruit tous les êtres, à l'exception d'un couple de chaque espèce

D'après l'extrême droite du spiritualisme, l'homme antérieur à la chute était un être parfait.

Il ne travaillait, ni ne se vêtissait ; la nature fournissait à son alimentation.

Depuis sa chute, il travaille, fait ses vêtements, ses outils, produit sa nourriture. Il découvre, il invente, il se perfectionne, il se civilise.

Selon l'expression de M. le pasteur Frossard, l'homme après sa chute, c'est l'homme des cavernes; les silex c'étaient ses instruments. Depuis il se relève peu à peu et cherche à regagner les sommets d'où il est tombé.

A cette doctrine du spiritualisme extrême, les matérialistes opposent les arguments par lesquels ils soutiennent leur propre doctrine.

XIII.

Passons au mécanicien de la machine et tenons-nous-en au mécanicien de la pensée.

Pour les matérialistes c'est le sang, condition essentielle de la vie, qui nourrit le cerveau, cerveau sans lequel la pensée n'existerait pas.

Les matérialistes se fondent sur ce fait que les crétins ont le cerveau petit, que les gens dont le cerveau est malade sont en général privés de pensée normale, que plus le cerveau pense et plus il se fatigue, qu'un fort travail de pensée amène de la lassitude, de la douleur, de l'amaigrissement et un besoin de réparation du corps se traduisant par une augmentation de l'appétit. Les matérialistes disent : le cerveau produit la pensée, comme le foie produit la bile, comme les glandes salivaires produisent la salive. Supprimez le foie, plus de bile; supprimez les glandes salivaires, plus de salive; supprimez le cerveau, plus de pensée.

De leur côté, les spiritualistes prétendent que c'est une force supérieure à l'homme qui est le mécanicien de la pensée; que l'intégrité du cerveau est la condition, mais non la cause de l'intégrité de la pensée, de même que l'intégrité d'un instrument, d'une lyre, d'un violon, est nécessaire à l'intégrité des sons que rend cet instrument. Ce n'est pas le violon, la lyre, disent-ils, qui produisent l'harmonie qui nous ravit; c'est l'archet, ce sont les doigts, c'est l'inspiration musicale dirigeant et conduisant cet archet et ces doigts. Si le cerveau se fatigue, lorsqu'il travaille, lorsqu'il pense, il en est de même du violon, de la lyre, qui s'usent lorsqu'on leur demande un trop long travail.

Les spiritualistes font remarquer que beaucoup de gens ont eu le délire sans que leur cerveau fût malade; que beaucoup de gens ont été fous et cependant ont guéri de leur folie; que si on enlève, comme vous l'a enseigné M. Perez, une moitié du cerveau, on ne diminue pas de moitié l'expression de la pensée, on hâte seulement sa fatigue. C'est ainsi, disent-ils qu'un Paganini ou un Sivori peut, sur une seule corde, jouer les mélodies les plus suaves; mais aussi la corde unique s'usera plus vite que chacune des quatre cordes d'un violon ordinaire.

XIV.

Mais je m'arrête.

Quoique l'on fasse, saura-t-on jamais le rapport de la pensée avec la forme du cerveau?

Pourquoi pensons-nous? comment pensons-nous; quelle est la cause première de la vie créatrice et directrice à la fois? le saurons-nous?

Connaîtrons-nous le constructeur et le mécanicien de notre machine?

Pourrons-nous jamais affirmer qu'il n'y a ni constructeur ni mécanicien?

Je crois cette connaissance hors de portée de notre intelligence; elle est du moins hors de portée de la mienne.

Cependant ne nous décourageons pas Etudions. Cherchons toujours. Multiplions autour de nous les foyers de lumière et de recherches; que les obstacles ne nous arrêtent pas, on n'a qu'à frapper le sol du pied ; il en sort parfois de patriotiques dévouements, de généreux sacrifices.

Etudions, disais-je, et cherchons toujours. Un pareil labeur ne saurait être inutile. Ce que je redoute le plus -- et je ne sais si vous partagerez mes craintes — ce sont les doctrines toute faites.

Mieux vaut, selon moi, la possession d'une théorie incomplète, pêchant par tel ou tel point, mais qu'on a travaillée, qu'on s'est faite soi-même, que l'acceptation aveugle d'une doctrine imposée par l'éclat d'un grand nom spiritualiste ou matérialiste. Gardons-nous du despotisme des savants, à quelque bord qu'ils appartiennent. Il ne faut pas que les uns ou les autres nous disent : « Hors de notre doctrine, la vérité n'est point. Ne la cherchez pas ailleurs. »

Je fais un plus grand cas de la liberté humaine. Chacun a le droit de penser et d'agir à sa guise, pourvu qu'il suive les lois de l'équités et respecte la liberté d'autrui.

Trop de causes indépendantes de nous contribuent à opprimer, à affaiblir, à anéantir notre pauvre machine humaine.

Ne nous faisons pas les oppresseurs volontaires de notre propre conscience.

Elle est libre et ne doit dépendre que d'elle-même!

J'ai négligé, dans ma conférence, la mesure de l'*équivalent mécanique* de la chaleur, craignant de fatiguer et d'effrayer mon auditoire par l'énonciation de quelques chiffres. Je place à la fin de mon exposé ce petit calcul que certains de mes lecteurs ne seront peut-être pas fâchés de connaître, et, d'abord, je donne la définition de ces deux mots : *calorie* et *kilogrammètre*.

Une *calorie* est la quantité de chaleur nécessaire pour élever de 1° 1 kilog. d'eau.

Prenez un kilog. d'eau à 10·; si vous voulez qu'il marque 11· au thermomètre, la quantité de chaleur nécessaire pour cela est précisément une calorie. Si vous voulez l'élever à 12·, c'est-à-dire de deux degrés, vous dépenserez *deux* calories.

Si au lieu de 1 kilog. vons en prenez 4 et que vous vouliez les élever de 10· à 11·, vous aurez besoin de 4 calories.

La *calorie* s'appelle aussi *l'unité de chaleur*.

Seconde définition : Le mot est un peu plus barbare que le mot calorie. C'est le mot *kilogrammètre*.

Si la calorie est l'unité de chaleur, le kilogrammètre est l'unité de force.

On appelle kilogrammètre la quantité de force nécessaire pour élever 1 kilogramme de matière à 1 mètre de hauteur.

Si j'ai donc à élever 1 kilogramme à 1 mètre, je dépenserai 1 kilogrammètre.

Si j'ai à élever 1 kilogramme à 10 mètres, je dépenserai 10 kilogrammètres.

Si j'ai à élever 10 kilogrammes à 1 mètre, je dépenserai 10 kilogrammètres.

Si j'ai à élever 1 kilogramme à 425 mètres ou 425 kilogrammes à 1 mètre, je dépenserai 425 kilogrammètres.

Supposez maintenant une balle de 1 kilog. tombant de 425 mètres de haut. Si elle est élastique, elle remontera à cette hauteur de 425 mètres, avec une force égale à 425 kilogrammètres Mais si c'est une balle de plomb qui s'aplatisse sur le sol, elle produira de la chaleur. On en mesure la quantité, on la trouve égale à l'unité de chaleur, à une calorie. Donc 425 kilogrammètres se sont transformés en une calorie, — sont équivalents à une calorie. Et réciproquement une calorie se transforme en 425 kilogrammètres, — équivaut à 425 kilogrammètres ; car si je veux élever cette balle de 1 kilogr. à 425 mètres, c'est-à-dire produire un travail de 425 kilogrammètres, je serai obligé de dépenser une calorie.